数学文化

李大潜 主编

从复数到四元数

Cong Fushu Dao Siyuanshu

李大潜

中国教育出版传媒集团

高等教育出版社·北京

图书在版编目（CIP）数据

从复数到四元数 / 李大潜编 . -- 北京：高等教育
出版社，2022.6（2024.5重印）

（数学文化小丛书 / 李大潜主编 . 第四辑）

ISBN 978-7-04-058633-6

Ⅰ . ①从… Ⅱ . ①李… Ⅲ . ①复数－普及读物②四元
数－普及读物 Ⅳ . ① O1-49 ② O151.23-49

中国版本图书馆 CIP 数据核字（2022）第 074757 号

策划编辑	李 蕊	责任编辑	李 蕊	封面设计	杨伟露
版式设计	徐艳妮	责任绘图	杨伟露	责任校对	陈 杨
责任印制	存 怡				

出版发行	高等教育出版社	网　址	http://www.hep.edu.cn
社　址	北京市西城区德外大街 4 号		http://www.hep.com.cn
邮政编码	100120	网上订购	http://www.hepmall.com.cn
印　刷	中煤（北京）印务有限公司		http://www.hepmall.com
开　本	787mm×960mm　1/32		http://www.hepmall.cn
印　张	1.625		
字　数	26 千字	版　次	2022 年 6 月第 1 版
购书热线	010-58581118	印　次	2024 年 5 月第 3 次印刷
咨询电话	400-810-0598	定　价	8.00 元

数学文化小丛书编委会

数学文化小丛书总序

整个数学的发展史是和人类物质文明和精神文明的发展史交融在一起的。数学不仅是一种精确的语言和工具、一门博大精深并应用广泛的科学，而且更是一种先进的文化。它在人类文明的进程中一直起着积极的推动作用，是人类文明的一个重要支柱。

要学好数学，不等于拼命做习题、背公式，而是要着重领会数学的思想方法和精神实质，了解数学在人类文明发展中所起的关键作用，自觉地接受数学文化的熏陶。只有这样，才能从根本上体现素质教育的要求，并为全民族思想文化素质的提高夯实基础。

鉴于目前充分认识到这一点的人还不多，更远未引起各方面足够的重视，很有必要在较大的范围内大力进行宣传、引导工作。本丛书正是在这样的背景下，本着弘扬和普及数学文化的宗旨而编辑出版的。

为了使包括中学生在内的广大读者都能有所收益，本丛书将着力精选那些对人类文明的发展起过重要作用、在深化人类对世界的认识或推动人类对世界的改造方面有某种里程碑意义的主题，由学有专长的学者执笔，抓住主要的线索和本质的内容，由浅入深并简明生动地向读者介绍数学文化的丰富内涵、数学文化史诗中一些重要的篇章以及古今中外一些著名数学家的优秀品质及历史功绩等内容。每个专题篇幅不长，并相对独立，以易于阅读、便于携带且尽可能降低书价为原则，有的专题单独成册，有些专题则联合成册。

希望广大读者能通过阅读这套丛书，走近数学、品味数学和理解数学，充分感受数学文化的魅力和作用，进一步打开视野、启迪心智，在今后的学习与工作中取得更出色的成绩。

李大潜

2005 年 12 月

目 录

一、从整数到实数

人类对数的认识, 经历了一个不断探索及深化的漫长历史. 这不仅推动了人类的文明和进步, 而且构成了人类文明史中的一个重要篇章.

人们最初认识的数是<u>正整数</u>. 从两只羊、三头牛抽象而得的 2 及 3 等数字, 都是正整数. 从具体的数 (shǔ) 数 (shù) 到得到正整数的概念, 是一个认识上的抽象和飞跃. 在这个过程中, 对正整数加法的一些规律也逐步得到认识. 用现在通行的说法, 首先, 正整数对加法是封闭的, 即对任意给定的两个正整数 a 及 b, 其和 $a+b$ 也是一个正整数. 此外, 还有

加法交换律: 对任意给定的正整数 a 及 b, 成立

$$a+b=b+a$$

及

加法结合律: 对任意给定的正整数 a, b 及 c,

成立

$$(a+b)+c = a+(b+c).$$

零的出现是后来的事. 中国是最早提出零这个概念的国家, 在运算中出现零的地方, 留下一个空格来表示, 这就不致引起混淆; 而用 '0' 这一符号来表示零, 则是印度人的贡献. 总之, 这是东方文明的一个划时代的成果. 在欧洲, 一直到文艺复兴初期, 还不知道、不承认这一点, 甚至将 '0' 作为一个异教的符号加以排斥和打击. 因此, 直到那个时期, 欧洲人很少能顺利地进行乘除法, 更不用说开方运算了. 我们常说祖冲之将圆周率精确计算到小数点后第七位, 领先欧洲一千年. 其实, 祖冲之计算圆周率的方法来自魏晋时期刘徽所提出的割圆术, 它虽比公元前 3 世纪多阿基米德提出的方法有所改进, 而且是独立得到的, 但本质上还属于阿基米德方法的框架, 从原创性来说并不比欧洲人领先. 说祖冲之的结果领先欧洲一千年, 应该说中国人比欧洲人早一千年使用了十进制位值计数法 (其中零用空格表示), 从而更早掌握了乘除及开方的技术. 零的出现和使用, 无疑是数学对人类文明的一个巨大的贡献.

正整数的全体, 过去称为自然数. 现在, 通常称零和正整数的全体为自然数, 记为 N.

自然数系对加法是封闭的, 但对加法的逆运算——减法则不然: 两个自然数的差, 就未必是自然数了. 为了使减法运算和加法运算一样可以进行, 人们引入了<u>负整数</u>的概念, 从而将自然数系拓展到整数系, 记为 $\mathbb{Z}$.

负整数的引入有其直观的意义. 若手头上有两个苹果, 但又欠人家三个苹果, 将两个苹果还人后, 还欠人家一个苹果, 即 $2-3=-1$. 有了负整数的概念, 整数之差也为整数, 即整数系对减法也封闭, 且对整数的减法也可视为加法处理: $a-b=a+(-b)$. 负数的引入, 在人类对数的认识史上也是一个重要的突破.

这样, 整数系对加 (减) 法封闭, 即对任意给定的 $a,b\in\mathbb{Z}$, 都有

$$a\pm b\in\mathbb{Z};$$

且在整数系 $\mathbb{Z}$ 中成立

加法交换律: $a+b=b+a$

及

加法结合律: $(a+b)+c=a+(b+c)$.

两整数 a 及 b 之间还可以进行乘法运算 ab, 并成立

乘法交换律: $ab=ba$,

乘法结合律: $(ab)c=a(bc)$

及

乘法对加法的分配律: $(a+b)c=ac+bc$.

对整数系 $\mathbb{Z}$ 而言, 乘法之逆运算 —— 除法一

般是没有意义的. 为了使除法运算能够顺利进行, 人们将整数系 $\mathbb{Z}$ 扩展为有理数系, 即由两个整数 a 及 b (其中 $b \neq 0$) 构成的分式 $\dfrac{a}{b}$ 全体所形成的数系, 记为 $\mathbb{Q}$. $\mathbb{Q}$ 对四则运算均封闭, 从而在 $\mathbb{Q}$ 中可自由地进行四则运算 (除数 $\neq 0$), 且成立

加法交换律: $a + b = b + a,$

乘法交换律: $ab = ba,$

加法结合律: $(a + b) + c = a + (b + c),$

乘法结合律: $(ab)c = a(bc)$

及

乘法对加法的分配律: $(a + b)c = ac + bc.$

人们曾认为, 有理数系 $\mathbb{Q}$ 就是完美无缺的最终数系, 它对四则运算封闭, 且满足上面提到的五个运算规则. 毕达哥拉斯学派的信条: 万物皆数, 就反映了这一点. 他们所指的数, 是指整数, 也包括两个整数相除而得的有理数. 那时普遍认为任何两条线段的长度 a 及 b 总是可公度的, 即总可以找到一个适当的长度单位 (尺子) r, 来公共地度量这两条线段, 即成立 $a = Mr$ 及 $b = Nr$, 其中 M, N 为正整数. 如果是这样, 那么任何两条线段长度之比总是一个有理数. 但后来发现并不是任意两条线段都可以公度, 例如正方形的对角线与边长, 或是正五边形的对角线与边长都是不可公度的, 这就打破了有理数独霸天下的局面, 形成了有理数与无理数共同组成的数系 —— 实数系, 记为 $\mathbf{R}$. 有了实数

系, 一根轴线上的点就可以和实数一一对应, 形成一个没有'漏洞'的数轴, 从而构成了一个完备的数系: 任何给定的实数数列的极限还是实数, 即实数系在极限的意义下具有完备性. 这是数学发展史和人类认识史上的一件石破天惊的大事, 对人类文明的发展过程有着不可估量的影响.

实数系 $\mathbb{R}$ 对四则运算 (除数不为 0) 均封闭, 且仍保持有理数系 $\mathbb{Q}$ 的五个运算规则, 而且在极限的意义下具有完备性, 从而使其成为微积分的重要基础.

有了这五个运算规则, 就可以进行代数式的化简, 例如可以合并同类项, 并且容易地证明下面这些常用的公式:

$$(a+b)(a-b) = a^2 - b^2,$$

$$(a+b)^2 = a^2 + 2ab + b^2,$$

$$(a+b)^3 = a^3 + 3a^2b + 3ab^2 + b^3$$

等.

二、复数的引入

有了实数系, 人们就可以求解以实数为系数的代数方程.

对一次代数方程

$$ax + b = 0,$$

其中 a, b 为实数, 且 $a \neq 0$, 其根显然是

$$x = -\frac{b}{a}.$$

这是最简单的情形.

对二次代数方程

$$ax^2 + bx + c = 0, \tag{2.1}$$

其中 a, b, c 为实数, 且 $a \neq 0$, 用配方法可得其求解公式为

$$x = \frac{-b \pm \sqrt{b^2 - 4ac}}{2a}. \tag{2.2}$$

记判别式为 $\Delta = b^2 - 4ac$. 在 $\Delta > 0$ 时, 由此可得两个实数根; 在 $\Delta = 0$ 时, 可得一个二重实数根; 而在 $\Delta < 0$ 时, 求解公式中出现了负数开平方, 无实数根.

历史上, 复数是从 $\Delta < 0$ 时在上述求解公式中要将负数开平方引入的吗? 应该说并不是! 因为从应用上看, 并没有这方面的需求. 举例来说, 如果要求一条直线与圆之交点, 取一个直角坐标系, 设所考虑的圆为一个圆心在原点的单位圆, 其方程为

$$x^2 + y^2 = 1, \tag{2.3}$$

并设所考虑的直线的斜率为 1, 而截距为 b, 其方程为

$$y = x + b. \tag{2.4}$$

为了求它们的交点, 将 (2.4) 式代入 (2.3) 式, 得

$$x^2 + (x + b)^2 = 1,$$

即

$$2x^2 + 2bx + (b^2 - 1) = 0,$$

其判别式为

$$\Delta = (2b)^2 - 4 \cdot 2 \cdot (b^2 - 1) = -4(b^2 - 2).$$

若 $b^2 < 2$, 则 $\Delta > 0$, 有两个交点; 若 $b^2 = 2$, 则 $\Delta = 0$, 有唯一一个交点 (切点); 而若 $b^2 > 2$, 即 $|b| > \sqrt{2}$ 时, 则 $\Delta < 0$, 无交点 (见图 1). 此时, 并不用对 $\Delta < 0$ 的情况再多加讨论, 因为所对应的二次方程没有实数根, 对应于所考察的几何问题无解. 这说明实际的应用并不会引发对 $\Delta < 0$ 时在上述求解公式中研究 $\sqrt{\Delta}$ 如何处理的必要性.

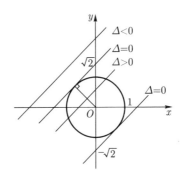

图 1   单位圆与直线的交点

对三次代数方程 (不妨设其首项系数为 1)

$$x^3 + ax^2 + bx + c = 0 \qquad (2.5)$$

的求解, 情况就不同了. 在 16 世纪, 欧洲人对求解三次代数方程给予了很大的关注, 使该问题成了一时的热点课题, 并最后获得了其解的表达式. 这一成就凝聚了好几位意大利数学家的心血和智慧, 在数学史上留下了动人的篇章, 也留下了发明权到底属于谁的历史公案. 为了迅速地过渡到本书的主题, 我们这里对此过程及细节不予涉及, 而直接给出三次代数方程的求解公式.

首先, 通过一个简单的变量代换

$$y = x - \frac{a}{3}, \tag{2.6}$$

可将方程 (2.5) 等价地化为如下的形式:

$$y^3 + py + q = 0, \tag{2.7}$$

其特点是方程中不出现变量的二次方项, 具有简单的形式, 从而相对地便于处理和讨论.

注意到

$$(s+t)^3 = s^3 + 3s^2t + 3st^2 + t^3,$$

就有

$$(s+t)^3 - 3st(s+t) = s^3 + t^3. \tag{2.8}$$

比较 (2.7) 及 (2.8) 二式, 就立即得到: 如果能找到实数 s 及 t, 使得

$$p = -3st, \quad q = -(s^3 + t^3), \tag{2.9}$$

那么, $s+t$ 就是三次代数方程 (2.7) 的一个根.

为了得到满足这一要求的 s 及 t, 要从 (2.9) 式

中求得 s^3 及 t^3, 即从

$$s^3 + t^3 = -q, \quad s^3 t^3 = -\left(\frac{p}{3}\right)^3 \qquad (2.10)$$

中求得 s^3 及 t^3. 由二次方程的根与系数关系 (韦达定理), s^3 及 t^3 应为二次方程

$$X^2 + qX - \left(\frac{p}{3}\right)^3 = 0 \qquad (2.11)$$

的两个根, 从而可取

$$\begin{aligned}
s^3 &= -\frac{q}{2} + \sqrt{\left(\frac{q}{2}\right)^2 + \left(\frac{p}{3}\right)^3}, \\
t^3 &= -\frac{q}{2} - \sqrt{\left(\frac{q}{2}\right)^2 + \left(\frac{p}{3}\right)^3},
\end{aligned} \qquad (2.12)$$

而相应的 $y = s + t$ 就是三次代数方程 (2.7) 的一个根, 其值为

$$y = \sqrt[3]{-\frac{q}{2} + \sqrt{\left(\frac{q}{2}\right)^2 + \left(\frac{p}{3}\right)^3}} +$$

$$\sqrt[3]{-\frac{q}{2} - \sqrt{\left(\frac{q}{2}\right)^2 + \left(\frac{p}{3}\right)^3}}. \qquad (2.13)$$

有了这一个根, 三次方程 (2.7) 的其余两个根就可以容易地求得了.

从这个求解公式看到, 与二次方程 (2.1) 的

求解公式 (2.2) 类似, 其中也有一个开平方的项 $\sqrt{\left(\frac{q}{2}\right)^2 + \left(\frac{p}{3}\right)^3}$, 但与二次方程 (2.1) 判别式 $\Delta = b^2 - 4ac < 0$ 的情况不同 (那时, 它不给出任何实数根, 因而对应无解的情形, 可以略去不计), 对于三次方程 (2.7), 即使在 $\left(\frac{q}{2}\right)^2 + \left(\frac{p}{3}\right)^3 < 0$ 的情形, 也总有实数根. 例如, 易知方程

$$y^3 - 7y + 6 = 0 \tag{2.14}$$

有三个实数根 $y = 1, 2$ 及 -3, 而相应的

$$p = -7, \quad q = 6,$$

从而

$$\left(\frac{q}{2}\right)^2 + \left(\frac{p}{3}\right)^3 = 9 - \left(\frac{7}{3}\right)^3 < 0. \tag{2.15}$$

这样, 直接用求解公式 (2.13), 必然要面对负数开平方这一绕不过去的困难, 而不能像求解二次方程那样, 简单地宣布一声 "无解" 了事.

这说明, 为求解三次代数方程, 即使求其实数根, 至少在形式上也会要面对形如 $a + b\sqrt{-1}$ 的对象, 并考察它们间的四则运算及开方运算, 以最终求得所要的解答.

由于这样的需要, 对形如 $a + b\sqrt{-1}$ (其中 a, b

为实数) 的对象, 规定

$$a + b\sqrt{-1} = c + d\sqrt{-1} \iff a = c, b = d, \quad (2.16)$$

并定义其加 (减) 法为

$$\left(a + b\sqrt{-1}\right) \pm \left(c + d\sqrt{-1}\right) = (a \pm c) + (b \pm d)\sqrt{-1},$$
$$(2.17)$$

而其乘法则定义为

$$\left(a + b\sqrt{-1}\right)\left(c + d\sqrt{-1}\right) = (ac - bd) + (ad + bc)\sqrt{-1}.$$
$$(2.18)$$

(2.18) 式看起来似乎比较复杂, 但只要将左端在形式上按多项式的乘法逐项展开, 利用 $(\sqrt{-1})^2 = -1$, 再合并同类项就可以得到.

为了得到除法的运算规则, 假设 $c + d\sqrt{-1}$ 不为零, 即 c 及 d 不全为零, 并记

$$\frac{a + b\sqrt{-1}}{c + d\sqrt{-1}} = \alpha + \beta\sqrt{-1}.$$

利用上面的乘法规则, 就有

$$a + b\sqrt{-1} = (c + d\sqrt{-1})(\alpha + \beta\sqrt{-1})$$
$$= (c\alpha - d\beta) + (d\alpha + c\beta)\sqrt{-1},$$

即

$$\begin{cases} c\alpha - d\beta = a, \\ d\alpha + c\beta = b. \end{cases}$$

从而可解得

$$\alpha = \frac{ac+bd}{c^2+d^2}, \quad \beta = \frac{bc-ad}{c^2+d^2}.$$

由此, 就有

$$\frac{a+b\sqrt{-1}}{c+d\sqrt{-1}} = \frac{ac+bd}{c^2+d^2} + \frac{bc-ad}{c^2+d^2}\sqrt{-1}.$$

这样, 形如 $a + b\sqrt{-1}$ (a, b 为实数) 的对象对四则运算均封闭 (除数 $c + d\sqrt{-1}$ 不为零, 即 $c^2 + d^2 \neq 0$), 且满足前面所说的对加法及对乘法的交换律, 对加法及对乘法的结合律, 以及乘法对加法的分配律 (请读者自行一一验证).

18 世纪伟大的数学家欧拉 (L. Euler, 1707—1783) 建议用一个特殊的记号 i 代替 $\sqrt{-1}$, $a + b\sqrt{-1}$ 就统一地写成 $a + bi$. 在运算中凡是出现 i^2 的地方就换成 -1, 而 $x^2 = -1$ 的解就可写成 $x = \pm i$.

有了上述这样的一些研究, 已经在形式上绕过了会碰到负数开平方的困难, 可以成功地应用于三次代数方程 (2.7) 的求解, 使 $a + bi$ 这样的对象畅行于有关的推导之中. 但在前后二百多年的时间里, 当时的数学家, 甚至包括欧拉、笛卡儿、牛顿、莱布尼茨这些伟大的数学家, 囿于 '负数开平方' 这一不可思议的现象, 并不承认 $a + bi$ 会在现实世界中有其对应物和模型, 而只认为是一个 '想象中的数" 或 '虚构的数", 一直没有揭开 $a + bi$ 神秘的面纱, 使其能够作为一种实实在在的数而登堂入室.

三、复数的几何解释

使人捉摸不透、认为虚无缥缈的 $a+bi$, 在数学的殿堂外徘徊了二百年左右的时间, 终于在现实世界中找到了它的原型, 逐步得到了人们的公认, 正式登堂入室, 并被称为复数.

问题实际上竟是如此的简单. 正像 19 世纪著名数学家高斯 (C. F. Gauss, 1777—1855) 所指出的那样, 一个形如 $a+bi$ 的复数可以看成平面上一个点 (a,b).

为了说明这一点, 在平面上取一个直角坐标系 Oxy. 一个形如 $a+bi$ 的复数可以看成坐标为 (a,b) 的一个点, 其 x 坐标为 a, 而 y 坐标为 b (见图 2). 这就为复数提供了一个可以接受的实际模型, 使人们对于复数有了某种真实感, 也使得平面上的数学或物理问题可以方便地用复数来处理.

为了说明的方便, 先引入一些必要的记号. 设

$$z = a + bi \tag{3.1}$$

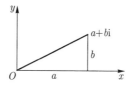

图 2　复数 $a + b\mathrm{i}$ 在直角坐标系中的表示

为一个复数, 其中 a 为其实部, 记为 $\operatorname{Re} z$; b 为其虚部, 记为 $\operatorname{Im} z$. 相应地, x 轴称为实轴, 而 y 轴称为虚轴.

记 z 的模为

$$|z| = \sqrt{a^2 + b^2}. \tag{3.2}$$

它是一个实数. 显然, $|z| = 0 \iff (a, b) = (0, 0)$, 即复数 $z = 0$. 且在 $|z| \neq 0$ 时, $\dfrac{z}{|z|}$ 为一个模为 1 的复数, 称为相应于 z 的单位复数.

称

$$\bar{z} = a - b\mathrm{i} \tag{3.3}$$

为 $z = a + b\mathrm{i}$ 的共轭复数. 由 z 与 $\bar{z}$ 所代表的两个点关于实轴对称 (见图 3). 显然, $z + \bar{z} = 2a$ 为一个实数, 而由复数的乘法定义, 容易验证

$$z\bar{z} = \bar{z}z = |z|^2, \tag{3.4}$$

它也是一个实数. 于是, 在 $|z| \neq 0$ 时, 可记

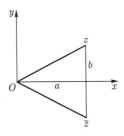

图 3　复数 z 与 $\bar{z}$ 所代表的两个点关于实轴对称

$$z^{-1} = \frac{\bar{z}}{|z|^2} \tag{3.5}$$

为 z 的倒数, 它满足

$$zz^{-1} = z^{-1}z = 1. \tag{3.6}$$

这样, 复数的除法作为其乘法运算的逆运算就可以简便地如下处理: 设 z_1 及 z_2 为两个复数, 且 $|z_1| \neq 0$, 则利用乘法的交换律, 复数的除法 $\frac{z_2}{z_1} = z$ 作为 $z_1 z = z z_1 = z_2$ 的解, 应为 $z = z_1^{-1} z_2 = z_2 z_1^{-1}$, 即

$$z = \frac{\bar{z_1} z_2}{|z_1|^2}, \tag{3.7}$$

其中 $\bar{z_1}$ 为 z_1 的共轭复数. 由此立刻得到复数除法 (除数不为 0) 的封闭性, 并可验证前节所述复数四则运算的一切规则.

既然可将复数 $a + bi$ 看成平面上一个坐标为 (a, b) 的点, 就可以等价地将其视为一个坐标为

(a, b) 的平面向量, 从而复数的四则运算也可以用向量的语言表述或阐明.

一个平面上的向量, 除了可以用坐标 (a, b) 表示外, 还可以用其模及辐角表示. 向量 (a, b) 的模就是其长度 r, 其值为 $\sqrt{a^2 + b^2}$; 而该向量的辐角 θ 是指此向量与实轴 (x 轴) 的正向按逆时针方向所夹的角 (如图 4). 显然有

$$a = r\cos\theta, \quad b = r\sin\theta.$$

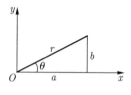

图 4　向量的模及辐角

这样, 利用复数 $z = a + b\mathrm{i}$ 的向量表示, 就得到

$$z = |z|(\cos\theta + \mathrm{i}\sin\theta), \tag{3.8}$$

其中 $|z|$ 为复数 z 的模, 而 θ 为复数 z 的辐角, 记为 $\theta = \operatorname{Arg} z$. 这称为复数的三角表示.

利用复数的向量表示, 两个复数的相加就是两个相应向量的相加. 由向量相加的平行四边形法则, 就得到 (见图 5)

$$(a + b\mathrm{i}) + (c + d\mathrm{i}) = (a + c) + (b + d)\mathrm{i}.$$

这就是前面所述的复数加法公式 (2.17).

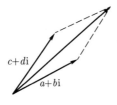

$c+d\mathrm{i}$

$a+b\mathrm{i}$

图 5　向量相加的平行四边形法则

由复数的三角表示, 两个复数

$$z_1 = |z_1|(\cos\theta_1 + \mathrm{i}\sin\theta_1),$$

$$z_2 = |z_2|(\cos\theta_2 + \mathrm{i}\sin\theta_2)$$

的相乘, 由棣莫弗 (A. de Moivre, 1667—1754) 公式

$$(\cos\theta_1 + \mathrm{i}\sin\theta_1)(\cos\theta_2 + \mathrm{i}\sin\theta_2)$$
$$= \cos(\theta_1 + \theta_2) + \mathrm{i}\sin(\theta_1 + \theta_2),$$

就有

$$z_1 z_2 = |z_1||z_2|\Big(\cos(\theta_1 + \theta_2) + \mathrm{i}\sin(\theta_1 + \theta_2)\Big). \quad (3.9)$$

因此, 二复数 z_1 及 z_2 的乘积 $z_1 z_2$, 其模等于二复数模的乘积:

$$|z_1 z_2| = |z_1||z_2|, \quad (3.10)$$

而其辐角等于二复数辐角的和:

$$\operatorname{Arg}(z_1 z_2) = \operatorname{Arg} z_1 + \operatorname{Arg} z_2. \qquad (3.11)$$

类似地, 二复数 z_1 及 $z_2(z_1 \neq 0)$ 的商 $\dfrac{z_2}{z_1}$, 其模等于二复数模的商:

$$\left| \frac{z_2}{z_1} \right| = \frac{|z_2|}{|z_1|} \quad (z_1 \neq 0), \qquad (3.12)$$

而其辐角等于二复数辐角的差:

$$\operatorname{Arg} \frac{z_2}{z_1} = \operatorname{Arg} z_2 - \operatorname{Arg} z_1. \qquad (3.13)$$

我们知道, 用一个实数乘另一个实数, 可使后者的大小发生改变, 而用一个复数乘另一个复数, 则不仅可以使后者的模发生变化, 而且可使其辐角发生变化. 简言之, 用一个复数相乘, 不仅可以改变另一复数的大小 (模), 也可以改变该复数的方向 (辐角). 通俗地说, 用一个复数 (而不是实数!) 相乘, 可以使原来的复数 '转弯'. 举例来说, 用 i 乘一个任意给定的复数 $z = a + b\mathrm{i}$, 可以使其逆时针转 $90°$ 角, 即

$$\begin{aligned}
(a + b\mathrm{i})\mathrm{i} &= |z|(\cos\theta + \mathrm{i}\sin\theta)\mathrm{i} \\
&= |z|\left(\cos\left(\theta + \frac{\pi}{2}\right) + \mathrm{i}\sin\left(\theta + \frac{\pi}{2}\right) \right) \\
&= -b + a\mathrm{i}.
\end{aligned}$$

这一事实在电工学中是被反复利用的.

由复数的除法知道, 任给两个非零的复数 z_1 及 z_2, 必存在一个复数 z, 使 $zz_1 = z_2$. 这说明, 乘一个适当的复数 z, 可使平面上的一个任意给定的非零向量 z_1 化为另一个任意给定的非零向量 z_2. 这无疑是复数的一个妙用.

回过头来再说一下方程 (2.14) 的求解. 注意到此时 $p = -7$ 及 $q = 6$, 且成立 (2.15) 式, 由求解公式 (2.13) 得到一个根为

$$y = \sqrt[3]{-3 + \frac{10}{9}\sqrt{3}i} + \sqrt[3]{-3 - \frac{10}{9}\sqrt{3}i}.$$

容易验证

$$\left(1 \pm \frac{2}{3}\sqrt{3}i\right)^3 = -3 \pm \frac{10}{9}\sqrt{3}i,$$

就得到

$$y = \left(1 + \frac{2}{3}\sqrt{3}i\right) + \left(1 - \frac{2}{3}\sqrt{3}i\right) = 2$$

是方程 (2.14) 的一个实数根. 再注意到

$$y^3 - 7y + 6 = (y-2)(y^2 + 2y - 3) = (y-2)(y-1)(y+3),$$

就得到方程 (2.14) 的三个实数根 $y = 1, 2$ 及 -3.

最后, 对复数这一原先认为 '虚无缥缈' 的数在

现实世界中的真实性再做一点说明. 牛顿的动力学方程 $F = ma$ 作为描述宏观世界单个粒子运动的基本方程读者都很熟悉, 而对于微观世界的运动规律则是由量子力学来刻画的.

薛定谔 (E. Schrödinger, 1887—1961) 方程

$$i\hbar \frac{\partial}{\partial t}\psi = -\frac{\hbar^2}{2m}\Delta\psi \tag{3.14}$$

就是量子力学中描述单个微观粒子运动规律的基本方程, 其中 $\hbar$ 是一个物理常数, m 为微观粒子的质量, $i = \sqrt{-1}$, ψ (称为波函数) 是一个依赖于时间 t 及空间坐标 $x = (x_1, x_2, x_3)$ 的复值未知函数, $\frac{\partial}{\partial t}$ 为对 t 的偏导数, 而 $\Delta = \frac{\partial^2}{\partial x^2} + \frac{\partial^2}{\partial y^2} + \frac{\partial^2}{\partial z^2}$ 为拉普拉斯 (P.-S. Laplace, 1749—1827) 算子.

把薛定谔方程 (3.14) 用于一个最简单的微观粒子——氢原子, 用求解偏微分方程的方法算出氢原子的光谱线, 发现与实测的结果完全一致, 使这个方程成功地经受了实践的检验, 牢固地确立了其为量子力学基本方程的地位.

从薛定谔方程可以看到, 量子力学的基本方程中本质性地出现了虚数单位 i, 这深刻地意味着 "虚数不虚", 自然界实际上是用复数而不是实数来运作的.

四、四 元 数

　　复数的全体记为 $\mathbb{C}$. 复数系 $\mathbb{C}$ 作为有理数系 $\mathbb{Q}$ 和实数系 $\mathbb{R}$ 的拓展,不仅对四则运算封闭,而且满足前面所述的五条运算规则——加法与乘法的交换律,加法与乘法的结合律,以及乘法对加法的分配律. 具有这些性质的数系在数学上统称为域,从而就有有理数域 $\mathbb{Q}$、实数域 $\mathbb{R}$ 及复数域 $\mathbb{C}$. 数系的扩张到了这儿,似乎已经可以应付一切可能的操作,从而完成自己的历史使命了. 但人类的认识是永远不会终结的,到 1843 年,爱尔兰数学家哈密顿 (W. R. Hamilton, 1805—1865) 又在复数的基础上,并作为复数的一个推广,提出了四元数的概念.

　　哈密顿考虑的出发点,不是基于实际运算中出现的某种困难和需要,而是基于他的一个奇妙的想法: 既然复数 $a+bi$ 可以视为平面上的一个向量,那么能否把它从二维平面拓展到三维空间,使之具有类似的性质呢?

哈密顿

一个自然的想法是考虑形如

$$a + bi + cj$$

的数, 其中 a, b, c 为实数, 而 i 及 j 满足 $i^2 = j^2 = -1$. 对这样的数定义加减法是没有问题的, 总可以取

$$(a+bi+cj)\pm(a'+b'i+c'j) = (a\pm a')+(b\pm b')i+(c\pm c')j.$$

但无论怎样定义 i 及 j 间的乘积, 都无法实行除法. 于是, 哈密顿放弃了这种 '三维复数', 而转为考虑 '四维复数'

$$a + bi + cj + dk, \tag{4.1}$$

其中 a, b, c, d 为实数, 而 i, j, k 为三个不同的符号, 代表三个特殊的数.

这种数的加减法是容易和前面类似定义的. 为了定义其乘法, 就要对这三个特殊的数 i, j, k 之间的乘法做出相应的定义, 并尽量保持前面提及的一些数的运算规则. 哈密顿为此前后花了 15 年左右的时间, 终于在 1843 年 10 月 16 日那一天得到了答案. 当时, 他正与其太太步行去都柏林, 在经过勃洛翰 (Brougham) 桥 (见图 6) 时突发灵感, 一下子

图 6　勃洛翰桥

找到了问题的答案, 并当场记录了下来. 后来就公认四元数 (Quaternion) 就从那时诞生, 连带勃洛翰桥也出了大名, 在数学史中占据了一个重要的位置.

哈密顿对 i, j, k 之间的乘法所做的规定是

$$i^2 = j^2 = k^2 = -1 \tag{4.2}$$

及

$$ij = -ji = k, \quad jk = -kj = i, \quad ki = -ik = j. \tag{4.3}$$

为了描述三维空间中的向量, 哈密顿所考虑的四元数 (4.1), 包含了四个分量 a, b, c, d, 而且由 (4.3) 式可见, 其乘法不满足交换律. 这些均是具有革命性的.

首先说明, 在 (4.2) 式成立的前提下, (4.3) 式可以等价地写成

$$ijk = -1. \tag{4.4}$$

事实上, 若 (4.4) 式成立, 在其两端各右乘 k, 就得到 ijkk = -k. 利用乘法的结合律, 并注意到 (4.2) 式, 就有 $ijkk = ijk^2 = -ij$, 从而得到

$$ij = k. \tag{4.5}$$

将上式的两端各自乘一次, 利用 (4.2) 式, 就得到

$ijij = k^2 = -1$. 再将其两端各乘 j, 注意到 $j^2 = -1$, 就得到 $iji = j$. 再将其两端右乘 i, 并再次利用 (4.2) 式, 就得到

$$ij = -ji. \qquad (4.6)$$

联合 (4.5)~(4.6) 式, 就得到 (4.3) 的第一式. 类似地, 可得到 (4.3) 的后面两式, 从而 (4.3) 式成立.

反之, 若 (4.3) 式成立, 由 $ij = k$, 两边同右乘 k, 利用 (4.2) 式, 就有

$$ijk = k^2 = -1,$$

这就是 (4.4) 式.

虽然 (4.3) 与 (4.4) 是等价的, 而且看来 (4.4) 更为简洁, 但 (4.3) 式使用起来更为方便, 今后我们总习惯地使用 (4.3) 式.

有了 i, j, k 之间的乘法规则, 利用乘法关于加法的分配律, 两个四元数之间的乘法就可以用多项式乘法逐项展开及同类项合并的方法得到:

$$(a + bi + cj + dk)(a' + b'i + c'j + d'k)$$

$$= aa' + bb'i^2 + cc'j^2 + dd'k^2 + (ab' + a'b)i +$$

$$(ac' + a'c)j + (ad' + a'd)k + cd'jk + c'dkj +$$

$$b'dki + bd'ik + bc'ij + b'cji$$

$$= (aa' - bb' - cc' - dd') + (ab' + a'b)i + (ac' + a'c)j +$$

$$(ad' + a'd)\mathrm{k} + (cd' - c'd)\mathrm{i} + (b'd - bd')\mathrm{j} + (bc' - b'c)\mathrm{k}$$

$$= (aa' - bb' - cc' - dd') + (ab' + a'b + cd' - c'd)\mathrm{i} +$$

$$(ac' + a'c + b'd - bd')\mathrm{j} + (ad' + a'd + bc' - b'c)\mathrm{k},$$

即有

$$(a + b\mathrm{i} + c\mathrm{j} + d\mathrm{k})(a' + b'\mathrm{i} + c'\mathrm{j} + d'\mathrm{k})$$

$$= (aa' - bb' - cc' - dd') + (ab' + a'b + cd' - c'd)\mathrm{i} +$$

$$(ac' + a'c + b'd - bd')\mathrm{j} + (ad' + a'd + bc' - b'c)\mathrm{k}.$$

$$(4.7)$$

这说明四元数的乘法是封闭的.

至于四元数的除法, 由于情况比较复杂, 留待下面用相对简便的方式处理, 但仍可说明四元数对除法也是封闭的 (除数 $a + b\mathrm{i} + c\mathrm{j} + d\mathrm{k} \neq 0$, 即 a, b, c, d 不同时为 0).

可以直接验证, 四元数满足对加法的交换律

$$q_1 + q_2 = q_2 + q_1;$$

分别对加法及乘法的结合律

$$(q_1 + q_2) + q_3 = q_1 + (q_2 + q_3),$$
$$(q_1 q_2) q_3 = q_1 (q_2 q_3);$$

以及乘法对加法的分配律

$$q_1(q_2 + q_3) = q_1 q_2 + q_1 q_3$$

与

$$(q_2 + q_3)q_1 = q_2 q_1 + q_3 q_1$$

(请读者自行验证). 但是, 四元数对乘法不满足交换律, 在运算中必须认真注意两个四元数相乘时的左右次序: $q_1 q_2$ 及 $q_2 q_1$ 一般是不相等的; 相应地, 乘法对加法的分配律必须分别写成上面的两个式子.

四元数是有史以来首次发现的可以进行四则运算但乘法不可交换的数系, 这就打开了人们的视野, 将关于数系的认识大大推广了. 这样. 四元数不再像有理数、实数和复数那样是一个域, 而只是一个代数 (这里 "代数" 是数学上的一个专有名词). 它是第一个发现的乘法不可交换的可除代数, 在人们对数的认识史上具有划时代的重要意义, 后来一些新的拓展了的数系也陆续出现了.

对四元数

$$q = a + b\mathrm{i} + c\mathrm{j} + d\mathrm{k}, \tag{4.8}$$

称 a 为其标量部分, 而 $b\mathrm{i} + c\mathrm{j} + d\mathrm{k}$ 为其向量部分. 记 q 的模为

$$\|q\| = \sqrt{a^2 + b^2 + c^2 + d^2}, \tag{4.9}$$

它是一个实数; 并记 q 的共轭四元数为

$$q^* = a - bi - cj - dk. \qquad (4.10)$$

易见 $q + q^* = 2a$ 是一个实数, 且由四元数的乘法规则 (4.7), 有

$$qq^* = q^*q = \|q\|^2, \qquad (4.11)$$

它也是一个实数, 同时, q 与 q^* 的乘积可交换.

由此, 对任意给定的一个非零四元数 q, 可定义其相应的单位四元数 $\dfrac{q}{\|q\|}$, 而一个非零四元数 $q(\|q\| \neq 0)$ 的倒数则为

$$q^{-1} = \frac{q^*}{\|q\|^2}, \qquad (4.12)$$

其中 q^* 为 q 的共轭四元数. 由 (4.11) 式, 成立

$$qq^{-1} = q^{-1}q = 1. \qquad (4.13)$$

由于四元数的乘法不满足交换律, 用一个四元数左乘或右乘另一四元数, 其效果不一定相同, 四元数的除法作为相应乘法的逆运算, 因而也应该有左除或右除的区别. 具体来说, 四元数 p 右除以非零四元数 q, 为

$$p = r_r q$$

之逆运算, 而 p 左除以 q, 则为

$$p = qr_1$$

之逆运算. 相应地, p 除以 q 的商应分别为

$$r_r = \frac{pq^*}{\|q\|^2} \tag{4.14}$$

及

$$r_1 = \frac{q^*p}{\|q\|^2}, \tag{4.15}$$

其中 q^* 为 q 的共轭四元数.

  这就证明了四元数对除法的封闭性, 且简便地得到了四元数除法的相应表达式.

  哈密顿原先要找的是三维空间中向量的代数表示物, 但最终得到的四元数并不是一个空间的向量, 似乎失去了几何上的意义. 但是, 如果重点关注四元数中的向量部分, 仍可发现相应的几何意义.

  对于笛卡儿坐标系中的两个三维向量

$$\boldsymbol{\alpha} = b\boldsymbol{i} + c\boldsymbol{j} + d\boldsymbol{k}, \quad \boldsymbol{\alpha}' = b'\boldsymbol{i} + c'\boldsymbol{j} + d'\boldsymbol{k}, \tag{4.16}$$

可以定义它们的<u>内积</u>

$$\boldsymbol{\alpha} \cdot \boldsymbol{\alpha}' = bb' + cc' + dd'. \tag{4.17}$$

内积是一个标量, 且是可交换的, 即 $\boldsymbol{\alpha} \cdot \boldsymbol{\alpha}' = \boldsymbol{\alpha}' \cdot \boldsymbol{\alpha}$.

也可以定义它们的**外积**

$$\boldsymbol{\alpha} \times \boldsymbol{\alpha}' = \begin{vmatrix} \boldsymbol{i} & \boldsymbol{j} & \boldsymbol{k} \\ b & c & d \\ b' & c' & d' \end{vmatrix}$$

$$= \begin{vmatrix} c & d \\ c' & d' \end{vmatrix} \boldsymbol{i} + \begin{vmatrix} d & b \\ d' & b' \end{vmatrix} \boldsymbol{j} + \begin{vmatrix} b & c \\ b' & c' \end{vmatrix} \boldsymbol{k}.$$

$$(4.18)$$

外积是一个向量. 当 $\boldsymbol{\alpha}$ 及 $\boldsymbol{\alpha}'$ 为不共线的非零向量时, 外积 $\boldsymbol{\alpha} \times \boldsymbol{\alpha}'$ 的方向垂直于 $\boldsymbol{\alpha}$ 及 $\boldsymbol{\alpha}'$ 所组成的平面, 且 $\boldsymbol{\alpha}, \boldsymbol{\alpha}'$ 及 $\boldsymbol{\alpha} \times \boldsymbol{\alpha}'$ 这三个向量组成右手系 (见图 7). 外积是不可交换的, 即 $\boldsymbol{\alpha} \times \boldsymbol{\alpha}' = -\boldsymbol{\alpha}' \times \boldsymbol{\alpha}$. 此外, $\boldsymbol{\alpha} \times \boldsymbol{\alpha}' = \boldsymbol{0}$ 的充要条件是两个向量 $\boldsymbol{\alpha}$ 及 $\boldsymbol{\alpha}'$ 共线.

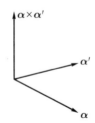

图 7　向量 $\boldsymbol{\alpha}, \boldsymbol{\alpha}'$ 及 $\boldsymbol{\alpha} \times \boldsymbol{\alpha}'$ 组成右手系

将四元数写成其标量部分 (下标为 s) 与向量部分 (下标为 v) 之和, 就有

$$p = p_s + \boldsymbol{P}_v, \quad q = q_s + \boldsymbol{Q}_v. \tag{4.19}$$

不难验证, 由 (4.7) 式所示的两个四元数 p 及 q 的乘积, 可以利用向量的内积及外积写为

$$pq = p_s q_s - \boldsymbol{P}_v \cdot \boldsymbol{Q}_v + p_s \boldsymbol{Q}_v + q_s \boldsymbol{P}_v + \boldsymbol{P}_v \times \boldsymbol{Q}_v, \tag{4.20}$$

其中右端的第一项及第二项构成 pq 的标量部分, 而右端的其余各项则构成 pq 的向量部分. 这就为看上去很繁杂的四元数乘法公式 (4.7) 给出了一个简洁而易记忆的形式.

从 (4.20) 式可以看到, 要使两个四元数 p 及 q 的乘法可交换, 即成立 $pq = qp$, 其充要条件为 $\boldsymbol{P}_v \times \boldsymbol{Q}_v = \boldsymbol{Q}_v \times \boldsymbol{P}_v$, 从而

$$\boldsymbol{P}_v \times \boldsymbol{Q}_v = \boldsymbol{0},$$

即 p 与 q 的向量部分共线.

任给两个非零的空间向量

$$x\boldsymbol{i} + y\boldsymbol{j} + z\boldsymbol{k} \quad 及 \quad x'\boldsymbol{i} + y'\boldsymbol{j} + z'\boldsymbol{k},$$

可将它们看成标量部分为零的四元数, 从而利用四元数的除法, 总可以找到唯一的一个四元数 $a + b\boldsymbol{i} + c\boldsymbol{j} + d\boldsymbol{k}$, 使得下述二式中的任何给定的一个成立:

$$(a + b\boldsymbol{i} + c\boldsymbol{j} + d\boldsymbol{k})(x\boldsymbol{i} + y\boldsymbol{j} + z\boldsymbol{k}) = (x'\boldsymbol{i} + y'\boldsymbol{j} + z'\boldsymbol{k})$$

或

$$(x\boldsymbol{i} + y\boldsymbol{j} + z\boldsymbol{k})(a + b\boldsymbol{i} + c\boldsymbol{j} + d\boldsymbol{k}) = (x'\boldsymbol{i} + y'\boldsymbol{j} + z'\boldsymbol{k}).$$

这说明: 用一个适当的四元数右 (或左) 乘, 总可以将空间中的一个任意给定的非零向量化为另一个任意给定的非零向量, 从而实现将一个非零向量通过适当的放大 (或缩小) 以及旋转化为另一个任意给定的非零向量. 这是复数对平面向量所能起的作用, 而四元数对空间向量也能做到这一点. 哈密顿原先的设想虽然没有在 '三维复数' 的情形实现, 但却在 '四维复数' 即四元数的情形实现了. 要将一个三维非零向量通过旋转及放大 (缩小) 化为另一个三维非零向量, 为了确定其在三维空间中的旋转轴需要两个自由度, 确定旋转角度需要一个自由度, 而确定放大 (缩小) 因子还需要一个自由度, 总共需要 4 个自由度. 这一任务是不可能在 '三维复数' 的框架中实现的, 引入四元数自然是在情理之中了.

五、向 量 分 析

有了四元数这一个可以进行四则运算的扩大了的数系, 应该可以代替已有的实数系或复数系, 在四元数系的框架中开展所有的讨论, 哈密顿以及他的一些追随者当时正是如此希望, 并努力进行的.

为了进行有关的分析运算, 他们引入了偏微分算子

$$\nabla = \boldsymbol{i}\frac{\partial}{\partial x} + \boldsymbol{j}\frac{\partial}{\partial y} + \boldsymbol{k}\frac{\partial}{\partial z}. \tag{5.1}$$

将此算子作用于一个标量函数 $u = u(x, y, z)$, 就得到

$$\nabla u = \frac{\partial u}{\partial x}\boldsymbol{i} + \frac{\partial u}{\partial y}\boldsymbol{j} + \frac{\partial u}{\partial z}\boldsymbol{k}, \tag{5.2}$$

它是一个向量函数; 而将算子 ∇ 作用于一个向量函数 $\boldsymbol{V} = u\boldsymbol{i} + v\boldsymbol{j} + w\boldsymbol{k}$, 就得到

$$\nabla \boldsymbol{V} = \left(\boldsymbol{i}\frac{\partial}{\partial x} + \boldsymbol{j}\frac{\partial}{\partial y} + \boldsymbol{k}\frac{\partial}{\partial z}\right)(u\boldsymbol{i} + v\boldsymbol{j} + w\boldsymbol{k})$$

$$= -\left(\frac{\partial u}{\partial x} + \frac{\partial v}{\partial y} + \frac{\partial w}{\partial z}\right) + \left(\frac{\partial w}{\partial y} - \frac{\partial v}{\partial z}\right)\boldsymbol{i}+$$

$$\left(\frac{\partial u}{\partial z} - \frac{\partial w}{\partial x}\right)\boldsymbol{j} + \left(\frac{\partial v}{\partial x} - \frac{\partial u}{\partial y}\right)\boldsymbol{k}, \qquad (5.3)$$

它是一个四元数函数. 他们希望以此为基础, 代替原有在笛卡儿坐标系下建立的微积分处理方法, 利用四元数的框架和性质, 建立一套新的处理方式. 但是, 原有的处理方法在数学和物理领域里已经形成了习惯, 并占领了市场, 用四元数的处理方法虽然有时可以带来一些便利, 但还是难以从根本上动摇已有的习惯势力、形成一统天下的局面.

在麦克斯韦 (J. C. Maxwell, 1831—1879) 建立他的著名的电磁场理论的时候, 由于当时四元数

麦克斯韦

比较热火, 他一开始套用了四元数的语言, 但很快就把四元数中的标量部分与向量部分分开来 (而不是结合在一起) 处理. 在 (5.2) 及 (5.3) 式中所涉及的量现在分别称为梯度

$$\mathbf{grad}\, u = \frac{\partial u}{\partial x}\boldsymbol{i} + \frac{\partial u}{\partial y}\boldsymbol{j} + \frac{\partial u}{\partial z}\boldsymbol{k}, \qquad (5.4)$$

也记为 (5.2) 式; 散度

$$\mathrm{div}\, \boldsymbol{V} = \frac{\partial u}{\partial x} + \frac{\partial v}{\partial y} + \frac{\partial w}{\partial z}, \qquad (5.5)$$

也记为

$$\nabla \cdot \boldsymbol{V} = \frac{\partial u}{\partial x} + \frac{\partial v}{\partial y} + \frac{\partial w}{\partial z}; \qquad (5.5)'$$

及旋度

$$
\begin{aligned}
\mathbf{rot}\, \boldsymbol{V} &= \begin{vmatrix} \boldsymbol{i} & \boldsymbol{j} & \boldsymbol{k} \\ \dfrac{\partial}{\partial x} & \dfrac{\partial}{\partial y} & \dfrac{\partial}{\partial z} \\ u & v & w \end{vmatrix} \\
&= \begin{vmatrix} \dfrac{\partial}{\partial y} & \dfrac{\partial}{\partial z} \\ v & w \end{vmatrix} \boldsymbol{i} + \begin{vmatrix} \dfrac{\partial}{\partial z} & \dfrac{\partial}{\partial x} \\ w & u \end{vmatrix} \boldsymbol{j} + \begin{vmatrix} \dfrac{\partial}{\partial x} & \dfrac{\partial}{\partial y} \\ u & v \end{vmatrix} \boldsymbol{k} \\
&= \left(\frac{\partial w}{\partial y} - \frac{\partial v}{\partial z} \right) \boldsymbol{i} + \left(\frac{\partial u}{\partial z} - \frac{\partial w}{\partial x} \right) \boldsymbol{j} + \left(\frac{\partial v}{\partial x} - \frac{\partial u}{\partial y} \right) \boldsymbol{k},
\end{aligned}
$$
$$(5.6)$$

也记为

$$\nabla \times \boldsymbol{V} = \left(\frac{\partial w}{\partial y} - \frac{\partial v}{\partial z}\right)\boldsymbol{i} + \left(\frac{\partial u}{\partial z} - \frac{\partial w}{\partial x}\right)\boldsymbol{j} + \left(\frac{\partial v}{\partial x} - \frac{\partial u}{\partial y}\right)\boldsymbol{k},$$

$$(5.6)'$$

其中标量函数 u 的梯度是一个向量函数, 而向量函数 $\boldsymbol{V}$ 的散度及旋度则分别是一个标量函数及向量函数.

对一个标量函数 $u = u(x, y, z)$, 其梯度 **grad** u 标志着此函数在空间的变化率, 而如果 $\boldsymbol{V} = (u, v, w)$ 为一空间流体的速度向量, 其散度 **div** $\boldsymbol{V}$ 及旋度 **rot** $\boldsymbol{V}$ 均有其流体力学中的物理意义, 这里不再具体阐明.

在这些算子之间有如下的关系:

$$\text{\textbf{rot} \textbf{grad}} = \boldsymbol{0}, \qquad (5.7)$$

$$\text{div} \, \textbf{rot} = 0 \qquad (5.8)$$

及

$$\textbf{rot} \, \textbf{rot} - \textbf{grad} \, \text{div} + \Delta = \boldsymbol{0}, \qquad (5.9)$$

其中

$$\Delta = \frac{\partial^2}{\partial x^2} + \frac{\partial^2}{\partial y^2} + \frac{\partial^2}{\partial z^2} \qquad (5.10)$$

为拉普拉斯算子.

事实上, 对任意给定的标量函数 $u = u(x, y, z)$, 由 (5.4) 及 (5.6) 式, 易见

$$\mathbf{rot\ grad}\ u = \mathbf{rot}\left(\frac{\partial u}{\partial x}\boldsymbol{i} + \frac{\partial u}{\partial y}\boldsymbol{j} + \frac{\partial u}{\partial z}\boldsymbol{k}\right) \equiv \boldsymbol{0};$$

而对任意给定的向量函数 $\boldsymbol{V} = u\boldsymbol{i} + v\boldsymbol{j} + w\boldsymbol{k}$, 由 (5.5) 及 (5.6) 式, 有

$$\mathbf{div\ rot}\ \boldsymbol{V} = \mathrm{div}\bigg(\bigg(\frac{\partial w}{\partial y} - \frac{\partial v}{\partial z}\bigg)\boldsymbol{i} + \bigg(\frac{\partial u}{\partial z} - \frac{\partial w}{\partial x}\bigg)\boldsymbol{j} +$$
$$\bigg(\frac{\partial v}{\partial x} - \frac{\partial u}{\partial y}\bigg)\boldsymbol{k}\bigg)$$
$$\equiv 0,$$

这就证明了 (5.7) 及 (5.8) 式.

此外, 对任意给定的向量函数 $\boldsymbol{V} = u\boldsymbol{i} + v\boldsymbol{j} + w\boldsymbol{k}$, 由 (5.6) 式, 有

$$\mathbf{rot\ rot}\ \boldsymbol{V}$$
$$= \mathbf{rot}\bigg(\bigg(\frac{\partial w}{\partial y} - \frac{\partial v}{\partial z}\bigg)\boldsymbol{i} + \bigg(\frac{\partial u}{\partial z} - \frac{\partial w}{\partial x}\bigg)\boldsymbol{j} +$$
$$\bigg(\frac{\partial v}{\partial x} - \frac{\partial u}{\partial y}\bigg)\boldsymbol{k}\bigg)$$
$$= \bigg(\frac{\partial}{\partial y}\bigg(\frac{\partial v}{\partial x} - \frac{\partial u}{\partial y}\bigg) - \frac{\partial}{\partial z}\bigg(\frac{\partial u}{\partial z} - \frac{\partial w}{\partial x}\bigg)\bigg)\boldsymbol{i} +$$
$$\bigg(\frac{\partial}{\partial z}\bigg(\frac{\partial w}{\partial y} - \frac{\partial v}{\partial z}\bigg) - \frac{\partial}{\partial x}\bigg(\frac{\partial v}{\partial x} - \frac{\partial u}{\partial y}\bigg)\bigg)\boldsymbol{j} +$$
$$\bigg(\frac{\partial}{\partial x}\bigg(\frac{\partial u}{\partial z} - \frac{\partial w}{\partial x}\bigg) - \frac{\partial}{\partial y}\bigg(\frac{\partial w}{\partial y} - \frac{\partial v}{\partial z}\bigg)\bigg)\boldsymbol{k}$$

$$= \left(-\Delta u + \frac{\partial}{\partial x}\left(\frac{\partial u}{\partial x} + \frac{\partial v}{\partial y} + \frac{\partial w}{\partial z} \right) \right)\boldsymbol{i} +$$

$$\left(-\Delta v + \frac{\partial}{\partial y}\left(\frac{\partial u}{\partial x} + \frac{\partial v}{\partial y} + \frac{\partial w}{\partial z} \right) \right)\boldsymbol{j} +$$

$$\left(-\Delta w + \frac{\partial}{\partial z}\left(\frac{\partial u}{\partial x} + \frac{\partial v}{\partial y} + \frac{\partial w}{\partial z} \right) \right)\boldsymbol{k}$$

$$= -\Delta \boldsymbol{V} + \mathbf{grad}\ \mathrm{div}\ \boldsymbol{V},$$

这就证明了 (5.9) 式.

有了 (5.4)~(5.6) 式所给出的定义, 并利用 (5.7)~(5.9) 式, 就可以方便地对三维向量进行分析运算, 麦克斯韦正是以此建立了他所提出的著名的电磁学理论. 他的成功, 说明了向量的概念在物理上是更为自然和直接的, 因此所建立的有关向量代数与向量分析的理论, 虽然一开始是从四元数引申过来的, 但恰恰是以人们已经习惯的方式处理物理问题的合适而有效的工具. 这一部分内容, 统称为场论, 是多元函数微积分中的一项重要的内容, 这里就不进一步展开了.

综上所述, 四元数的产生, 不是来自实际应用中的需要, 而是来自哈密顿要将复数向三维空间推广的奇思妙想. 这造成有史以来首个可进行除法、但不满足乘法交换律的四元数系这一不可交换的可除代数, 在代数学中引起了一场革命, 以后相继出现了不少新的数系, 大大拓展了代数学的研究范围. 另一方面, 将复数向高维空间推广这一看来纯粹是理论上的探索, 不仅拓展了数系的范畴, 而且在数学与物理领域有多方面的应用, 推动了人类认识世界的进程, 这是始料不及的. 这充分说明, 数学的概念、思想、方法与结论, 从根本上来说, 既可以来源于现实世界的直接需要, 亦可以来源于数学内部的矛盾运动, 二者相辅相成, 不可偏废, 更不可片面地理解. 这样, 数学科学的发展和进步, 才有了可靠的保障.

参 考 文 献

[1] 克莱因. 古今数学思想: 第 3 册. 万伟勋, 石生明, 孙树本, 等译. 上海: 上海科学技术出版社, 2002.

[2] 李忠. 复数的故事. 北京: 科学出版社, 2011.

[3] 李大潜. 黄金分割漫话. 北京: 高等教育出版社, 2007.

读者意见反馈

为收集对教材的意见建议，进一步完善教材编写并做好服务工作，读者可将对本教材的意见建议通过如下渠道反馈至我社。

咨询电话　　400-810-0598

反馈邮箱　　hepsci@pub.hep.cn

通信地址　　北京市朝阳区惠新东街4号富盛大厦1座

　　　　　　高等教育出版社理科事业部

邮政编码　　100029